Ernest **CHABRAND**

Ingénieur des Arts et Manufactures, A. U

Membre de la Société des Ingénieurs Civils de France

Bibliothèque Scientifique du Dauphiné

LES GISEMENTS AURIFÈRES

DES

Alpes Piémontaises

GRENOBLE

Xavier DREVET, éditeur

IMPRIMEUR-LIBRAIRE DE L'ACADÉMIE

14, rue Lafayette, 14

SUCCURSALE A URIAGE-LES-BAINS

ERNEST CHABRAND

Ingénieur des Arts et Manufactures, A. O

Membre de la Société des Ingénieurs Civils de France

Bibliothèque Scientifique du Dauphiné

LES

GISEMENTS AURIFÈRES

DES

Alpes Piémontaises

GRENOBLE

Xavier DREVET, éditeur

IMPRIMEUR-LIBRAIRE DE L'ACADÉMIE

14, rue Lafayette, 14

SUCCURSALE A URIAGE-LES-BAINS

BIBLIOTHÈQUE SCIENTIFIQUE DU DAUPHINÉ

XAVIER DREVET, éditeur, Grenoble

Ouvrages de M. Ernest CHABRAND :

Histoire de la Métallurgie du Fer et de l'Acier en Dauphiné et en Savoie. — Un beau volume in-8º .... 2 fr. 50

Les huit chapitres de l'ouvrage traitent les matières suivantes :

Les gîtes de fer spathique des Alpes du Dauphiné.— Les origines de la sidérurgie alpine. — L'ancienne métallurgie du fer au pays d'Allevard. Ses progrès. État actuel. — Les anciens fourneaux et martinets à fer de la Grande-Chartreuse et du Trièves. — Les hauts-fourneaux éteints de l'Oisans, des vallées de la Romanche et de l'Isère, du Viennois. — Les anciennes aciéries au bois de l'Isère. — La métallurgie du fer dans les Hautes-Alpes. — Les fabriques de fer du Royans et du Vercors dans la Drôme.— La métallurgie du fer dans les Alpes de Savoie.

Les origines de l'exploitation des Mines métalliques et de la Métallurgie dans les Alpes du Dauphiné. (Essai historique). — Une brochure in-8º .... 1 fr.

Les Mines d'Or des Alpes Dauphinoises. Un volume in-8º .... 1 fr. 50

Le Queyras. Origine et signification de ce nom. In-16, avec une vue du *Château-Queyras* ...... 0 fr. 50

Ouvrages de M. Armand CHABRAND :

Le Grand Pic de la Meidje. Grand in-8º, 1884.
Le Queyras. *Id.*, 1886.
De Grenoble à Briançon. *Id.*, 1886.
Congrès du Club Alpin à Briançon. Grand in-8º, 1887 (avec illustrations de Guigues).
La Bérarde-en-Oisans. *Id.*, 1891.
L'Abbé Guétal, *Id.*, 1892.
Orographie du Dauphiné. *Id.*, 1883 (en collaboration avec M. Ferrand).
Les Guides et Porteurs de la Société des Touristes du Dauphiné. *Id.*, 1892.
Vieilles Coutumes et Traditions briançonnaises (*Bibliothèque Historique du Dauphiné*), 1903. In-16 .... 0 fr. 60

LES
GISEMENTS AURIFÈRES
DES
ALPES PIÉMONTAISES

Ernest CHABRAND

Ingénieur des Arts et Manufactures, A. O
Membre de la Société des Ingénieurs Civils de France

Bibliothèque Scientifique du Dauphiné

LES
GISEMENTS AURIFÈRES

DES

Alpes Piémontaises

GRENOBLE
Xavier DREVET, éditeur
IMPRIMEUR-LIBRAIRE DE L'ACADÉMIE
14, rue Lafayette, 14
SUCCURSALE A URIAGE-LES-BAINS

Publication du Journal *LE DAUPHINÉ*
Fondateurs Louise DREVET et Xavier DREVET

Directeur : Xavier DREVET
GRENOBLE

LES

GISEMENTS AURIFÈRES

DES

ALPES PIÉMONTAISES

I. Situation géographique. — Aperçu orographique.

Entre le Val d'Aoste, parcouru par la Doire Baltée, en Piémont et la vallée du Rhône supérieur (Valais), se dresse un puissant massif de montagnes qui porte le nom d'*Alpes Pennines*.

Le col Ferret, le Val Ferret, la longue et étroite coupure transversale de la Toce, dans laquelle débouche la route du Simplon, marquent ses limites occidentale et orientale.

Le Mont-Rose (1) en est le point culminant; il dresse ses neuf cimes couronnées de glaciers, dans la partie du massif qui s'étend entre la Vallée de Zermatt ou coule la Viège et la Vallée de Saas.

---

(1) Le nom de Mont-Rose dérive, d'après certains étymologistes du mot Celtique *ros*, signifiant promontoire; suivant d'autres, c'est à la configuration de ses cimes, rangées en forme de rose ou aux teintes rosées qu'elle revêt, sous les feux du soleil couchant, que cette sommité doit son appellation.

De chaque côté de cette gigantesque barrière, qui détermine le partage des eaux entre le bassin de l'Adriatique et le bassin Méditerranéen, se détachent de nombreux chaînons latéraux ou contreforts entre lesquels sont creusées des gorges étroites et profondes qui, prenant naissance sous des glaciers, descendent presque perpendiculairement sur la vallée du Rhône et sur celle de la Doire.

Sur le versant Valaisan, nous citerons le Val d'Entremont et la vallée de Bagnes, les Vals d'Hérémence, d'Hérens, d'Anniviers, de Turtman, de Zermatt, de Saas ; sur le versant Italien, le Val Pelline, le Val Tournanche, le Val Challant ou d'Ayas, le Val Gressoney ou de Lys, tous tributaires de la Doire, le Val Sesia, le Val Anzasca, tributaires le premier du Pô, le second de la Toce.

Les vallées qui débouchent dans la vallée du Rhône abritent une population très clairsemée, aux mœurs patriarcales, transhumant du haut en bas des montagnes, suivant les saisons et vivant des produits de l'économie pastorale et du revenu de ses Alpes.

Les vallées Piémontaises, au contraire, sont occupées par une population nombreuse et aisée qui doit la remarquable aisance dont elle jouit à son esprit industrieux, à son activité et à ses aptitudes pour le négoce.

Chacune des vallées qui aboutissent au massif du Mont Rose a son métier spécial ; dans le Val de Lys, les jeunes gens émigrent et vont chercher la fortune dans les affaires, en Allemagne ; les montagnards du Val Anzasca s'adonnent à l'exploitation de leurs mines d'or ; ceux du Val Chalant descendent en Lombardie ou ils exercent leur métier de scieurs de long ; le Val Sesia est la patrie de ces artistes maçons qui excellent dans l'art de travailler et d'enjoliver de fresques le plâtre et le stuc.

II. Structure tectonique de la région. Géologie générale.

Façonnée, au cours des temps tertiaires, par les poussées latérales qui résultaient de l'effondrement

progressif des plaines italiennes et de la fosse Adriatique, cette partie du système orogénique des Alpes
offre le type de structure en grandes voûtes ou en
grands plis anticlinaux, avec leur cortège de failles (1),
rappelant, avec des dimensions plus grandes, les ca-
ractères classiques de l'orogénie des chaînes du Jura
Bernois. Comme ces dernières, elle présente, dans son
profil, la dissymétrie qui caractérise les reliefs oro-
graphiques du globe.

Tandis que, sur le versant Valaisan, le massif se
développe, depuis la vallée du Rhône jusqu'à l'arête
culminante, en une série de ridements ou de plis on-
dulés évoquant la figure d'une crémaillère inclinée, il
tombe en de brusques et formidables escarpements,
sans gradin intermédiaire, sur la plaine lombarde,
formant ainsi une falaise abrupte, au pied de laquelle
se déposèrent jadis les sédimens de la mer subapen-
n...e.

Le massif est constitué par une puissante formation
de schistes cristallins apparaissant à découvert, sur
le versant Italien, en une large bande continue qui
borde immédiatement la plaine du Pô, depuis Cuneo
jusqu'au lac Majeur. Ce substratum primitif a été
m's à nu par les actions mécaniques (affaissements,
déchirements) dont ce massif a été le siège, postérieu-
rement aux dépôts des terrains secondaires que l'on
voit s'appuyer sur lui, en stratification sensiblement
concordante, sur le versant Valaisan (grès à anthra-
cite de Sierre et de Sion, grès quartzeux ou quartzites
du trias de la Bella Tola (2), calcaires magnésiens,
schistes lustrés mésozoïques de Saxon, de Sierre, de
Brieg, etc.). En Italie, cette couverture sédimentaire
est ensevelie sous la couche épaisse d'alluvions des
plaines du Pô.

· C'est à la surélévation locale de l'axe de plissement

---

(1) D'après les géologues, le Cervin et le Weisshorn semblent jalonner des lignes de failles qui auraient exhaussé le
gneiss chloriteux, dont ils sont formés, au dessus des schistes
lustrés affaissés à leur base.
(2) Sommet entre le Val d'Anniviers et le Val Turtman.

de la chaîne ainsi qu'à la résistance des roches cristallines, vis-à-vis des agents de dénudation, qu'est dû le relief actuel du Mont-Rose.

L'étude détaillée du massif du Mont-Rose a permis de préciser nettement la nature et l'ordre de succession des divers groupes de schistes cristallins.

Leur ordre de superposition est le suivant, de haut en bas : Schistes à séricite, schistes chloriteux et amphiboliques alternant ensemble et constituant, grâce à leur grande consistance, les arêtes culminantes et les plus escarpées du massif, micaschistes avec intercalation de calcaires cipolins ; ces micaschistes se chargent de feldspath et passent au gneiss et à des gneiss granitoïdes dans lesquels sont creusées les gorges de la route du Simplon, à leur débouché, en Italie, dans la vallée d'Ossola.

Pour donner une idée de l'énergie des dislocations des terrains profonds dans la zone du Simplon, nous signalerons la superposition complète, signalée par Schardt, du gneiss d'Antigorio aux schistes lustrés mésozoïques (1). Le gneiss d'Antigorio est en général compact et massif ; il contient parfois de grands cristaux de feldspath blanc, ce qui lui donne un aspect porphyroïde ; il renferme souvent des filons aplitiques blancs.

III. Gisements aurifères. — 1. Or filonien. 2. Alluvions aurifères.

1. Gîtes filoniens.

Cette formation de Schistes cristallins a été affectée, sur le flanc méridional du mont Rose, autrement dit, sur le versant Piémontais, par une venue aurifère qui, selon toutes les probabilités, a suivi la phase de plissement à laquelle se rattache l'émission basique des

---

(1) A rapprocher de la curieuse superposition du granite au Lias, dans le Massif de la Meije, constatée par Elie de Beaumont.

roches vertes (*Pietre verdi*) provenant du fond des laccolithes.

Les gîtes, où elle a laissé des traces de son passage, se rencontrent le plus souvent sous forme de véritables *fractures filoniennes (true fissure vein)*, avec salbandes bien caractérisées ; quelques fractures semblent cependant se coincer en profondeur. La venue a également donné naissance à des *filons couches* ou a des gîtes intercalés suivant des lignes ou joints de stratification des schistes cristallins.

L'or y a été déposé à l'état de pyrite aurifère, à gangue quartzeuse, associée avec du mispickel, de la galène, de la blende et quelquefois de la chalcopyrite et du cuivre gris. Comme dans tous les gîtes, au voisinage de la surface, c'est-à-dire dans les têtes ou chapeaux des filons, soumis aux actions métamorphisantes, l'or s'est isolé à l'état natif, directement amalgamable (*free milling ore*) et concentré au milieu des roches désagrégées et chargées d'oxyde de fer, résultant de la décomposition par altérations météoriques des pyrites dans lesquelles il était primitivement emprisonné. En profondeur, c'est-à-dire au-dessous du niveau hydrostatique, dans la zone inaltérée, les oxydes de fer disparaissent, l'or se trouve engagé, en très faibles proportions, dans des combinaisons sulfurées complexes, définitives (pyrites arsenicales, sulfures de minerais divers) qui rendent plus difficile et plus coûteux son traitement ; ces minerais des parties profondes des filons, dont l'or n'est pas directement amalgamable, constituent les minerais dits « *refractory ores* ». Ajoutons que, avec la profondeur, la teneur absolue en or de la roche semble diminuer et les gisements s'appauvrissent.

Les *filons aurifères* proprement dits sont constitués par des faisceaux ou des groupes de fractures parallèles qui ont, pour la plupart, une direction N. S. avec tendance à s'infléchir vers l'Ouest.

Leur inclinaison est de 50 à 70° E. ; leur pendage est donc très voisin de la verticale.

Leur puissance varie de 0ᵐ10 à 2ᵐ.

Ils ont été reconnus principalement dans le Val Anzasca, le Val Sesia, le Val Antrona, etc. où ils sont l'objet d'exploitations, plus ou moins prospères, de la part de Sociétés concessionnaires, Anglaises, Suisses et Belges.

VAL ANZASCA

Ainsi nommé du torrent l'Anza, sous affluent du Lac Majeur, qui sort du glacier de Macugnana, le Val Anzasca est une gorge profonde, aux parois escarpées, ouverte de l'Ouest à l'Est, et qui aboutit dans la grande coupure transversale de la Toce, à Vogogna, non loin de Piedimulera, station du chemin de fer de Novare à Domo d'Ossola, située à 5 heures environ de Turin.

Une Compagnie Anglaise *The Pestarena Gold Mining Company*, fondée vers 1854, exploite les pyrites aurifères de ce district à *Pestarena* et dans le *Val Toppa*.

Si l'on en croit la tradition locale, l'extraction de l'or des gisements de ce coin des Alpes remonte à une haute antiquité ; on attribue aux Romains le creusement de certaines galeries ou l'on a trouvé de la suie et des restes de bois carbonisé qui, sans doute, avait dû servir à l'abatage de la roche par le feu. Cette croyance semble quelque peu justifiée par un passage de l'Histoire Naturelle de Pline ou celui-ci parle d'une loi qui fut promulguée à l'époque, pour limiter le nombre des travailleurs employés à l'extraction de l'or dans ces contrées. *Lex censoria Ichtimulorum a ufodinæ vercellensi agro, qui carebatur ne plus quam quinque millibus hominum in opere publicani haberent* (Pline, Liv. XXIV, 3).

L'expression *Vercellensi agro* laisserait supposer que la loi visait particulièrement les exploitations de la vallée de la Sesia, dans laquelle on a accès par Vercelli. Mais suivant W. Brockedon, auteur des *Illustrations of the passes of the Alps* (1828), il s'agit de Pestarena ou de Macugnana.

En effet, on retrouve, fait-il observer, des traces de la désinence du nom des *Ichtimuli* dans le vocable *Mulera*, nom des deux villages *Pié* et *Cima di Mulera*, situés au confluent de l'Anza et de la Toce.

Elisée Reclus paroit avoir adopté cette dernière ver-

sion ; car il dit (*Géographie Générale*) que 5,000 escla-
ves, sous la domination romaine, étaient occupés à
l'extraction de l'or, dans le Val Anzasca.

Quoiqu'il en soit, on travaillait, en 1750, à la mine
dite du *Pozzone*, qui fut inondée, en 1755, par un dé-
bordement de l'Anza.

De Saussure parle des mines du Val Anzasca, dans
ses *Voyages dans les Alpes* (1796). A l'époque où il les
visita (1789), près de 500 ouvriers y travaillaient ;
quelques années auparavant, le nombre des ouvriers
occupés aux Mines avait été de 1000 environ, tant mineurs que manœuvres, traîneurs et casseurs, etc. Il
estimait la valeur de l'or produit à 60,000 livres par
an, laissant un bénéfice de 13,000 livres.

Le droit d'exploiter les mines de cette région appar-
tenait alors à la famille des Borromée, qui concédait à
bail son privilège à des particuliers, moyennant une
redevance équivalente au dixième du produit brut de
l'extraction.

Pour donner une idée de l'activité qui régnait jadis
dans le Val Anzasca, nous dirons qu'en 1824, il exis-
tait, dans ce district minier, 284 moulins à amalgamation ainsi distribués : 172 à Macugnana, 40 à San-
Carlo, 24 à Calasca, 48 à Val Toppa.

Le produit était de 85 kilogr. d'or argentifère à 70 %
d'or pur et 25 à 30 % d'argent.

« Les pyrites de cette mine, dit Elie de Beaumont,
« en parlant de Macugnana, dans son « *Coup d'œil sur
« les Mines*» (1824), ne donnaient, par l'amalgamation,
« que 11 grains d'or par quintal et cet or, loin d'être
« fin, contenait 1/4 de son poids d'argent. Elles deve-
« naient de moins en moins riches à mesure que l'on
« s'éloignait de la surface. »

A Pestarena, les gîtes occupent de véritables fractures filoniennes avec salbandes nettement caractérisées au toit ; les gîtes de Val Toppa se présentent, au
contraire, sous forme de veines ramuleuses et de traî-
nées minérales insérées ou mieux interstratifiées dans
les Schistes cristallins.

La Société Anglaise concessionnaire a principalement développé les travaux de Pestarena, qui com-

prennent un réseau de galeries de plus de 12 kilomètres.

Elle a installé à Pestarena et à Fomarco, dans le Val
Toppa, des moulins à amalgamer (Moulins Franckfort) traitant un millier de tonnes de minerais, par
mois, avec une force hydraulique de 238 chevaux.
Primitivement, l'amalgamation se faisait dans des
arrastras, grandes auges en gneiss, dans lesquelles se
mouvaient de lourdes pierres enchaînées à des bras
horizontaux.

En 1872, le produit des moulins a été de 450 kilogr.
d'or, d'une valeur de 1,500,000 francs ; cette production
a été obtenue avec un personnel de 450 ouvriers. A
cette époque, le minerai était traité dans les établisse-
ments de Pié di Mulera, Battigio, Crodo, Pertusola.

En 1879, la production a été de 197 kilogr. d'or. Rendement ; 21 gr. d'or à la tonne de minerai.

En 1881, la Société a occupé 400 ouvriers et produit
217 kilogr. d'or, extraits de 11,447 tonnes de minerai,
soit un rendement moyen de 18 à 19 grammes d'or à
la tonne Valeur : 610,325 francs.

En 1890, la production a été de 169 kilogr. 758 d'or
extrait de 5,724 tonnes de minerai, soit un rendement
de près de 30 gr. d'or à la tonne de minerai. Valeur :
500,000 fr. environ.

Cette production a été obtenue avec 26 moulins
Franckfort, qui ont marché 344 jours.

Le rendement des moulins, qui peuvent traiter cha-
cun près de deux tiers de tonne de minerai par jour, a
été, en 1890, de 78,77 /₀ de l'or contenu dans le minerai, avec une perte de mercure moyenne de 230 gr. par
tonne de minerai traitée.

Le caractère irrégulier du gîte, qui exige une pro-
portion considérable de travaux de recherches, rend
son exploitation aussi pénible que dispendieuse.

On compte 15 gr. d'or à la tonne comme limite d'ex-
ploitabilité ; en d'autres termes, 15 gr. d'or à la tonne
payent les frais d'exploitation.

VAL BIANCA

Le Val Bianca est une gorge qui s'ouvre, sur la rive
gauche de l'Anza, en amont du village de Ponte Grande

di Bannio. Elle se dirige du Nord-Ouest au Sud-Est et prend son origine près du sommet du Mottone.

La *Société des mines d'or de Scalaccia*, Société Suisse fondée en 1892, ayant son siège social à Genève, exploite les pyrites aurifères sur les deux versants de cette gorge (territoire de la commune de Calasca, province de Novare).

Les gisements se présentent sous forme de filons proprement dits et de filons couches ou d'injections sans salbandes, encaissés dans les micaschistes et les roches vertes amphiboliques.

Les filons proprements dits sont dirigés No : Sud et plongent vers l'Ouest, sous un angle voisin de 70°. Les schistes qu'ils recoupent ont une direction Nord 35° à 45° Est, leur inclinaison oscille entre 40° et 60° Nord-Ouest.

Leur remplissage est formé de quartz, avec pyrites de fer et pyrites arsenicales disséminées dans la gangue quartzeuse.

Les filons interstratifiés, qui suivent l'allure des schistes chloriteux et amphiboliques, sont à remplissage quartzeux également, dont l'or est associé à de la pyrite de fer et à du mispickel. La zone minéralisée se trouve au toit et au mur du filon c'est-à-dire au contact de la roche encaissante.

Sur le *versant gauche du Val Bianca*, les filons exploités forment trois faisceaux ou groupes :

1° *Filons de Scalaccia*, situés dans le ravin qui débouche à Massuco, dans le Val Bianca.

2° *Filon de Caselle*, dans la petite vallée abrupte du torrent Caselle, qui se jette dans le Val Bianca, près de l'Alpe Albarina.

3° *Filon de Massuco*, sur la rive droite du torrent Massuco, qui se jette dans le torrent Scalaccia.

Sur le *versant droit du Val Bianca*, on rencontre les mines d'*Agaré*, de *Sopra Lasino*, etc.

La teneur moyenne des minerais est de 23 gr. d'or à la tonne.

Certains échantillons ont donné, aux essais, un rendement de 195 gr. d'or à la tonne.

421 gr. d'argent à la tonne.

VAL SESIA

Le *Val Sesia* prend naissance sur le flanc Sud-Est du mont Rose.

La haute Sesia se subdivise en trois vallées secondaires :

Le *Val Sesia* proprement dit, arrosé par la Sesia qui sort des glaciers de Piode et de Vigne et va se jeter dans le Pô.

Le *Val delle Pisse* (des cascades), dont le torrent issu du glacier d'Embours verse ses eaux dans la Sesia.

Le *Val d'Ollen*, traversé par le torrent d'Ollen qui rejoint la Sesia, a peu de distance en amont d'Alagna.

Le *Val delle Pisse*, en raison de l'étendue et de la puissance de son réseau filonien et de sa richesse aurifère, constitue un champ minier remarquable.

Encaissés dans les micaschistes et les schistes à séricite, les filons se présentent généralement sous la forme de véritables fractures filoniennes, dont les affleurements sont souvent masqués par des moraines et des débris d'éboulement; dans les zones découvertes, ces affleurements sont surtout visibles sur les parois escarpées des montagnes où l'œil suit leurs trainées de la base au sommet et notamment dans les nombreuses crevasses sillonnant les flancs abrupts du Stolenberg, qui limite le Val delle Pisse, du côté de l'Ouest.

La venue aurifère semble rayonner, en forme d'éventail, dans les deux autres vallées ; les affleurements se poursuivent, en effet, au delà du Col delle Pisse, dans le Val du Lys ou de Gressoney et jusques sur les deux versants de la Sesia ou ils forment un groupe de filons connus sous le nom de *Mines de Kreas*.

Les gisements se subdivisent ainsi en deux groupes :

1° *Groupe delle Pisse* (Altitude: 2,400ᵐ à 2,900ᵐ).

2° *Groupe de Kreas* ou *dell' Oro* (Altitude : 1,350ᵐ).

Ils s'étendent sur le territoire d'Alagna Sesia.

Ces gisements sont exploités par *The Monte Rosa Gold Mining Company* constituée, à Londres, le 5 mars 1894, au capital social de 6 millions de francs.

Le domaine minier de la Compagnie embrasse une superficie totale de plus de 1600 hectares.

Les veines aurifères du Val delle Pisse furent exploitées jadis par des mineurs du pays, les frères Vincent, les Salate, les Weber, qui réalisèrent de rapides fortu , en travaillant uniquement les minerais d'affleurement; ils extrayaient l'or à l'aide de moulins d'amalgation rudimentaires traitant 15 kilogr. de minerai par 24 heures.

Les frères Vincent, qui les premiers (1819) escaladèrent la cime méridionale du mont Rose qui porte leur nom (La Vincent Pyramide, 4,190^m), ont exploité une veine aurifère, aux bords du glacier de Garstelet voisin du glacier du Lys, à la hauteur de 3,140^m.

Le *groupe delle Pisse* qui est le plus important des deux groupes filoniens comprend 5 filons aurifères reconnus et nommés : *Rosita, Mamelone* (1), *Vicente* (2), *Salate* (3) et *Cimalegna*.

Encaissés dans les schistes cristallins, avons nous dit, ces filons sont composés, dans les parties superficielles altérées, de quartz rougeâtre, fendillé, spongieux, friable, dans les vides duquel l'or natif et comme taché de rouille s'est isolé, par suite de la disparition de la pyrite qui, primitivement, l'emprisonnait.

En profondeur, le quartz devient blanc, compact, dur; il est associé à des pyrites de fer, à des pyrites arsenicales, accompagnées de mouches de galène et de minerais tellurés; tous ces minerais complexes renferment une notable quantité d'or combiné qui échappe à l'amalgamation.

On est obligé de recueillir ces *sulphurets* sur des appareils de concentration (*Frue vanners*) où ils se déposent sous forme de *schlichs* que l'on traite ensuite, soit par cyanuration, soit par chloruration.

L'or est généralement accompagné d'argent.

---

(1) Nom de l'éminence à flancs arrondis où il se trouve.
(2) (3) Noms des mineurs qui les ont découverts.

DESCRIPTION DES FILONS RECONNUS
DU GROUPE DELLE PISSE

Filon Rosita. Il affleure sur la rive gauche du torrent delle Pisse. Puissance ; 0m90 à 1m30.

Filon Mamelone. Au nord du filon Rosita, on rencontre une éminence à flancs arrondis, le *Mamelone*, qui, jusqu'en 1870, fut recouvert par le glacier d'Embours.

Sa base est en partie cachée, sous une moraine, en amont de laquelle affleurent plusieurs filons de quartz aurifère, visibles sur une hauteur de 50 mètres environ ; leur puissance varie de 0m20 à 0m60.

Filon Vicente. Ce filon, qui semble être le prolongement des précédents, affleure, au fond d'une crevasse, sur la paroi escarpée du Stolenberg. L'œil peut le suivre sur une hauteur de plus de 100 mètres, c'est-à-dire jusqu'au sommet de la montagne où sa puissance qui est de 1m50 à la base, se réduit à 0m10 et 0m15.

Filon Salate. Il est jalonné, sur les escarpements presque verticaux du Stolenberg, par de nombreuses crevasses alignées, analogues à celles du filon précédent et formées par la désagrégation ou le démembrement, sous l'influence des agents atmosphériques, des têtes de filons ou des zones altérables de la montagne. La puissance du filon est de 0m60 à 0m70.

Filon Cimalegna. Il affleure sur la croupe de la Cimalegna, montagne séparant le Val delle Pisse du Val d'Ollen ; il se dirige vers le sud-est pour aller traverser plus bas le *groupe de Kreas*, ou l'on a reconnu l'existence de 5 filons aurifères.

PUISSANCE DES GISEMENTS. TENEUR DES MINERAIS

Puissance des gisements. D'après M. A. Rovello, ingénieur en chef au corps royal des mines, en Italie, (*Rapport sur les mines d'or delle Pisse, avril 1891*) il n'y a pas « eu égard au nombre et à la dimension des « filons, à se préoccuper de la quantité de minerai « disponible, on doit plutôt se demander quelle quan- « tité il sera possible d'abattre et de traiter. »

M. Groves, ingénieur des arts et manufactures, qui a étudié particulièrement les mines de Kreas, en septembre-octobre 1893, a estimé que le minerai *en vue*, pour ce seul groupe, s'élève à 1 million de tonnes au moins.

M. Grégoire, ingénieur civil des mines, chargé de l'étude du groupe delle Pisse, en octobre-novembre 1889 et en août-septembre 1890, a évalué, d'après leurs dimensions visibles, à 228,975 tonnes, le tonnage réel à extraire des trois filons Mamelone, Vicente et Salate. « Ce chiffre, fait-il observer, représente seulement le « minerai visible ; il est évident que la quantité de « minerai existante est bien plus considérable, car il « est inadmissible que les filons cessent au point « exact où ils disparaissent sous le talus d'éboule- « ment. » Selon lui, le cube total des filons mesurés peut-être représenté par quatre fois le cube visible ; ce qui porte le tonnage contenu dans ces trois filons à près de 900 mille tonnes de minerai.

Le gisement de *Alpe Müd*, situé sur le territoire d'Alagna Sesia (2,000 mètres d'altitude) et récemment prospecté, renferme, au dire d'un rapport de M. A. Dubois, ingénieur, en date du 17 janvier 1902, une réserve de plus de 1 million de tonnes.

Teneur des Minerais. Les essais des échantillons envoyés au laboratoire officiel de Turin, en 1866, par M. Tittel, ingénieur des mines de Freyberg (Saxe), chargé à cette époque de travaux de prospection, dans le Val delle Pisse, accusèrent une teneur moyenne de 130 gr. d'or par tonne de minerai. Un de ces échantillons donna 570 gr.

Un autre ingénieur des mines, M. Uhler, de Genève, qui, la même année, étudia les gisements du Val delle Pisse, fit procéder, par des essayeurs de Genève, à l'analyse de cinq échantillons qui donnèrent une teneur moyenne de 185 gr. d'or.

M. Berrutti, ingénieur en chef au corps royal des mines italien, chargé officiellement de l'étude du réseau filonien delle Pisse, en 1877, conclut, « que l'exis- « tence du gisement aurifère est suffisamment consta- « tée ». Les échantillons de minerai adressés par lui au laboratoire de l'École d'application, à Turin, donnèrent l'un, 142 gr. d'or et 73 gr. d'argent, l'autre 174 gr. d'or et 36 gr. d'argent.

Des essais de traitement par amalgamation aux moulins piémontais exécutés, en 1895, par MM. J. Bel et M. Bardier, ingénieurs de la compagnie du Monte-Rosa, sur des *minerais de surface*, prélevés dans les 4 filons du groupe delle Pisse, ont donné les résultats suivants :

Filon Rosita.......	48 gr.	125 d'or
— Mamelone....	64	580 —
— Vicente......	157	—
— Salate........	100	060 —

soit une moyenne de 92 gr. 441 par tonne, représentant l'or fondu obtenu par amalgamation.

La teneur en *or combiné* s'élève, d'après les analyses, à :

Filon Rosita	16 gr.	844
— Mamelone..........	12	480
— Vicente	33	990
— Salate.............	46	911

soit une moyenne de 27 gr. 481 d'or combiné par tonne.

Le rendement total moyen s'élève donc à 120 gr. par tonne.

Des essais plus récents (1902) pratiqués sur des échantillons de minerai des groupes delle Pisse et Kreas ont accusé des teneurs de 130 gr. — 64 gr. — 104 gr. — 56 gr. d'or fin à la tonne.

Des prises d'essai provenant du filon n° 1 de Müd nouvellement prospecté ont donné 26 gr. d'or fin par tonne.

En somme, les teneurs en or fournies par les essais industriels correspondent à une valeur moyenne de près de 300 francs pour la tonne de minerai. Toutefois les ingénieurs chargés d'évaluer les bénéfices probables de l'exploitation ont, en vue d'écarter tout aléa et de rendre impossible le moindre mécompte, tablé, dans leurs calculs, sur une teneur moyenne de 60 gr. d'or seulement.

C'est que la richesse constatée aux affleurements

des filons d'or doit, en effet, être considérée, le plus souvent, comme un maximum. Il ne faut pas perdre de vue, que tous les gisements d'or, quels qu'ils soient, subissent la loi de l'appauvrissement en profondeur, en même temps que l'or s'y trouve engagé dans des combinaisons complexes qui rendent difficile et très coûteuse son extraction métallurgique.

VAL TOPPA. — VAL D'OSSOLA.

Une société Belge, constituée le 15 juillet 1895 et dite « *Société minière de Cropino et extension* », exploite la mine dite *Boco del Cropino* située, dans le district minier de *Val Toppa*, territoire de Fomarco, arrondissement de Pallanza, province de Novare.

Ses concessions portent les noms de : *Boco del Cropino*, *Balmone*, *Beolini*, *L'Ora*, *Tagliata*.

Les concessions de *Cropino*, *L'Ora*, *Tagliata* sont situées dans le ravin de la Marmazza, à des altitudes variant de 400 mètres à 1,900 mètres.

Celles de : *Balmone*, *Beolini*, s'étendent sur les montagnes qui bordent la vallée d'Ossola, depuis le niveau de la vallée jusqu'à 1,600 mètres d'altitude.

Les gisements sont de quartz pyriteux aurifère, se présentant sous forme de filons, nettement caractérisés, qui affleurent sur le flanc de montagnes escarpées.

Puissance moyenne : 0m60. Direction moyenne S. O. N. E. Pendage presque vertical.

Le tout venant traité à peu près sans triage, dans la petite usine de broyage et d'amalgamation de Cropino, a donné un rendement de 10 gr. d'or par tonne de minerai traitée. Certains échantillons ont donné 100 gr. d'argent à la tonne.

Il ne reste dans les lingots qu'une fraction infinitesimale de cet argent — ce qui laisse croire qu'il existe à l'état de combinaison échappée à l'amalgamation et qu'il se perd dans les tailings. Sans doute est-il combiné avec les sulfures dont le quartz est moucheté.

L'usine de traitement se compose de :

1 concasseur, 1 broyeur Krupp, 1 moulin Huttington, 12 arrastras de 2m50 de diamètre, 12 arrastras de 3m de diamètre.

Une chute d'eau de 150m de hauteur fournit, au moyen de roues Pelton, une force motrice de 75 chevaux environ.

L'usine peut traiter 25 tonnes de minerai par jour.

VAL ANTRONA

Une Société Suisse dite « *Société des mines d'Antrona* », exploite des veines aurifères, dans le Val Antrona, affluent de La Toce.

Les minerais rendent de 10 gr. à 18 gr. d'or par tonne, suivant que le triage est plus ou moins soigné.

Les concentrés donnent jusqu'à 150 gr. par tonne.

En 1824, le Val Antrona possédait 101 moulins d'amalgamation qui produisirent 27 kgr. d'or.

USINE DE TRAITEMENT DES MINERAIS D'OR, DE PONTEGRANDE DI BANNIO, VAL ANZASCA.

Cette usine a été installée, vers 1896, pour le traitement des pyrites aurifères arsenicales par le procédé de *désagrégation chimique* ou de *transformation alluvionnaire*, imaginé par un ingénieur belge, Michel Body, de Spa.

Ce procédé, qui vise spécialement les minerais où l'or est engagé dans des combinaisons rebelles au traitement simple des quartz normaux, est basé sur l'emploi de la voie sèche, dans des conditions entièrement nouvelles ; il consiste à éliminer, à l'aide de réactifs convenables, l'arsenic, l'antimoine, le tellure, c'est-à-dire les éléments qui jusqu'ici s'opposent à la mise en liberté de l'or et à produire une désagrégation du minerai telle que l'or soit à l'état d'atome libre, facile à extraire par les dissolvants ordinaires ; ce procédé a pour but, en un mot, de transformer l'état cristallin des pyrites en état amorphe permettant la séparation de l'or.

La Société de Pontegrande, aujourd'hui disparue, produisait, en boues et en sédiments aurifères, un tonnage annuel, d'une valeur de près de 450.000 francs ; la plus grande partie était vendue aux usines de Stolberg et de Freyberg.

Ses installations comprenaient : une roue hydraulique actionnée par une chute de 45 chevaux, 2 concasseurs, 2 paires de cylindres, 1 moulin à boulets, 2 porphyrisateurs, 8 tables à secousse, 4 spitzcasten, fours à moufle, bacs de désagrégation, fours de chloruration, etc. Elle employait au chauffage de ses fours l'huile minérale.

A l'exposition de Bruxelles, en 1897, on pouvait voir, dans sa vitrine, de nombreux échantillons de minerais d'or, bruts et préparés, de boues et sédiments, pris aux différentes phases du traitement ; près de ces échantillons figuraient un culot d'or et des échantillons de sous-produits divers, parmi lesquels de *l'orpiment.*

MINES D'OR DE GONDO

Nous ne terminerons pas cette revue descriptive des gisements filoniens aurifères du massif du mont Rose, sans dire un mot des *Mines d'or de Gondo,* connues aussi sous le nom de gîtes d'or de *Zwischenbergen,* situées près de la frontière Italienne, dans le Valais (Suisse), sur la route du Simplon à Domo d'Ossola.

Connues depuis le moyen âge, ces mines sont constituées par des filons de pyrite aurifère, encaissés dans des gneiss à grains fins dirigés E. 40°. N. et plongeant vers le sud, sous un angle de 32°.

La puissance des filons varie de 0m40 à 1m.

Les minerais, à gangue quartzeuse, ont une teneur assez faible.

Le filon le plus riche est celui de *Camozetta* dont les minerais rendent près de 30 gr. d'or à la tonne.

Ces mines sont exploitées par une Société constituée, en 1895, au capital de 5 millions de francs.

2. Alluvions aurifères

Les gîtes aurifères (1) que nous venons de passer en revue ont été soumis dans leurs affleurements, où l'or a subi une première concentration chimique et un en-

---

(1) Ces gîtes semblent devoir être rattachés à une venue triasique

richissement, à des actions d'érosion et do désagrégation de la part des eaux torrentielles.

Ces actions ont eu pour résultat la concentration,
par voie de préparation mécanique, de dépôts sédi-
mentaires aurifères qui s'observent, sous forme de
conglomérats recouvrant les flancs des montagnes et
de gîtes alluvionnels qui s'étendent, en couches épais-
ses, dans la vallée du Pô, sur la rive gauche de ce
fleuve.

Longtemps les alluvions des rivières qui descendent
sur ce versant des Alpes ont alimenté l'industrie des
orpailleurs ou des laveurs d'or.

Les principales stations d'orpaillage étaient à *Cuor-
gne, Bosconegro, Chivasso,* sur l'Orco; à *Front, Riva-
rossa, San Benigno,* sur le Pô; à *Bernate, Buffalora,*
sur le Tessin; on lavait aussi les sables de la Sesia,
du Cervo, de l'Elvo, de la Stura, de la Doire Baltée.

Ce n'est qu'à partir de Vische (*Vico*) que la Doire-
Baltée pénètre dans la zone des alluvions aurifères
qu'elle traverse sur une étendue de 12 kilomètres.

Quant au Tessin, il n'est aurifère, ni avant son en-
trée dans le lac Majeur, ni à la sortie de ce lac; c'est à
Coarezza seulement, c'est-à-dire à 10 kilomètres environ de *Sesto Calende,* extrémité sud du lac Majeur,
qu'il roule ses eaux sur les alluvions aurifères. Le
cours du Tessin, sur ces dépôts, est d'environ 30 kilomètres.

Sa richesse en or avait donné lieu, jadis, de la part
des populations riveraines, à une exploitation assez
active pour attirer l'attention des Souverains de ces
contrées, qui, trouvant là une source de revenus, éri-
gèrent en droit de la Couronne, le droit de pêche de
l'or et le concédèrent à de hauts dignitaires de leur
royaume, soit en récompense de services rendus, soit
contre redevances.

Frédéric Barberousse, empereur des Romains, en
1164, Philippe IV, roi d'Espagne, en 1641, Charles II,
roi d'Espagne, en 1686, et leurs successeurs, par lettres
patentes, concédèrent et octroyèrent le droit de pêcher
l'or, l'argent et le poisson, dans le Tessin, « *Jus et
« facultatem aurum, argentum et pisces piscandi, in*

toto Ticinensis flumine » à diverses familles de la Lombardie.

L'origine des droits de la pêche de l'or, dans la Doire Baltée, remonte à Arrigo IV, empereur des Romains, qui, par décret daté des calendes de décembre, en l'an 1110, les concéda aux frères Guy et Othon, Comtes du Canavese.

D'après une notice statistique sur l'industrie minérale des Etats Sardes, publiée en 1858, le poids de l'or pêché dans l'Orco, la Sesia, l'Elvo, la Doire Baltée, le Tessin et le Pô et vendu à la monnaie de Turin, pendant la période qui s'étend de 1844 à 1857, soit durant 14 années, a été de 3 kilog. 742 gr. en moyenne, par an, représentant une somme annuelle de 11.384 francs ainsi répartis. Dans ce chiffre ne figurent pas les ventes faites par les paysans aux orfèvres de leur chef-lieu de canton.

Doire Baltée	1 k.	370	La Sesia	0 k.	360
L'Orco	1	110	L'Elvo	0	210
Le Pô	0	520	Le Tessin	0	140
	3 k.	000		0 k.	710

Cet or était recueilli par les moyens rudimentaires de la batée.

L'or du Tessin est, comme celui du Pô, légèrement argentifère.

	Or pur	Argent	Matières diverses
Sab'es du Tessin	92	4.700	3.097
— du Pô	92 à 92.20	4.520	3.048 à 3.274

En 1885, les sables de l'Orco étaient exploités à *Castellamonte, Bonnasso, Cornaglia, Morra ;* leur richesse moyenne était de 4 gr. d'or au mètre cube. Les dépenses d'extraction, de lavage et de traitement s'élevaient à 1 fr. 50 par mètre cube.

En 1889, une Société dite « *Société de placers aurifères et de travaux publics de la haute Italie* » essaya l'exploitation des falaises d'alluvions qui se dressent, en forme de terrasses, sur les contreforts des Alpes et celle des alluvions qui s'étendent, au pied de ces falaises, dans la plaine qui borde la rive gauche du Pô.

La méthode hydraulique californienne, dont l'application semblait tout indiquée pour l'attaque des falaises, ne put être mise à profit, à cause des nombreuses protestations qui n'auraient pas manqué de se produire chez les habitants des parties basses des vallées; leurs cultures eussent été soumises à des inondations fréquentes, par suite de l'obstruction des rivières due à l'accumulation des graviers, des sables et des limons.

La Société eut alors pour objectif l'exploitation des alluvions de la plaine qu'elle traita par la *méthode de dragage et de larage au Sluice.*

La nappe aurifère était comprise entre 10^m et 100^m de profondeur.

Le faible rendement des graviers, soit, à peine 1 fr. par mètre cube, força bientôt la Société à abandonner l'entreprise.

Publication du Journal *Le Dauphiné*. — 1903.
XAVIER DREVET, éditeur, rue Lafayette, 11, Grenoble.